日本国家防衛の基礎知識

軍隊の時代の終焉

柳川昌弘

元就出版社

■日本国家防衛の基礎知識——目次

軍隊の時代の終焉

これまでの歴史上の現実から、国の防衛は軍隊によるのが常識となっています。けれども、時代を経て諸々の事情が変化しつつある社会の情勢を考えると、軍隊の意義目的が現状に適応し難いものになりつつあります。

何が現状に適応し難くなっているのか、そして、どうすれば現状に適応した国の防衛力として、確かで強力なものとして信頼できるものになるかを、あらゆる視点から検証したのが本書の主旨なのです。

その結果、現在の軍隊の姿は、少なくとも近い将来みることができなくなるということです。それも極めて近い将来のことです。

たとえば、近年大きく進歩しつつある通信技術をとりあげても、そういえるのです。

通信技術の発達によって、社会生活が一段と便利になっています。携帯電話一つをとっても、それは明らかなことでしょう。道に迷ったときも昔のような苦労はしなくてすみます。

とくに、他の人に急用とか大事な用件を伝える場合、伝える内容を手間もなく、伝えるまでのタイム・ラグ（時間の損失）が生じません。

ところが、軍隊組織にとっては、こうした通信技術は、他のどんな分野よりも大事であり、急ぐべき事情があることは説明するまでもないことでしょう。なぜなら、軍隊にとって何より重要なあらゆる戦略戦術が根本から変わってくるからです。戦術の合理化によって同一の戦力が大きく向上することは確かなのです。

たとえば、世界のどこかで、日本の方向にミサイルが発射されたことを何かで探知したとします。その時、その情報が防衛庁へ、そして内閣総理大臣へ伝えられ、さらに放送局、アナウンサーを通じて、われわれ一般へ伝えられたとすれば、もはやすでに遅いかもしれません。

実際、何事かが起こってからでは防衛とはいえません。ミサイルの発射は、直接全国民へ素早く伝えられなければ、何の効果も得られません。これが軍隊同士の戦いでは、一体どうなるのでしょうか。

従来、軍隊組織では、大事な情報は、トップにある司令官のみが知り、それら情報の流れに応じて一つの命令を、部隊の長へ……そして一人一人の兵へといった手順をとっていました。その間のタイム・ラグ一つをとっても、あるいは行動のタイミングにしても、最善の戦術にはつながり難いことがわかります（後の項参照）。

それより、すべての情報も、また命令にしても、現場の将兵一人一人が同時に知ることができれば、これまでとは全く違った個人個人の能力を集中することができるでしょう。

これまでは、現場の兵たちは上司の指す将棋の駒のようなものでした。このいずれのケースも、チームプレイには違いありませんが、その戦力には天地の差が生じるでしょう。

今、敵は――を知って、個人個人が最善の行動がとれるからです。

すべての人々がリアル・タイムで、同時に情報を得るという画期的なメリットは、軍隊にとっては、取り入れざるを得ません。そうでなくては、他国の軍隊より戦力がいちじるしく劣ってしまいます。それどころか、ＩＴの先進国である日本ですから、今すぐにでも取り入れねばならないところでしょう。

ところが、情報のリアル・タイム化の技術を現状の軍組織に取り入れようとすれば、何とも困った状況になるでしょう。早い話が、そのことで、これまでの軍隊で行なってきたことが、ほとんどすべてといってよいほど否定せざるを得なくなるのですから……。

例をあげれば、軍隊としての編成から専門職種のほか、階級制度というより、軍隊特有のタテ割りかつ、ピラミッド型組織そのものが意味を失ってしまうからです。ですから、一人の上司から、上意下達といったことはなく、兵一人一人がそれらの各上司の立場をかねた判断と行動が求められるでしょう。

兵たちは、たとえ歩兵だからといって、小銃が撃てればよいといったことは通用しません。

また、艦艇の乗組員にしても、それまでのような職種別の分業のような任務にしても、そうはゆかなくなるのです。

要は、人々にとって個性の発揮とともに、多角的分野での知識と経験とが要求されるようになるのです。

とにかく、こうした事情に気づいた米国の数々の民間企業では、すでにそのための構造改革に着手しています。公務や軍隊では遅ればせながら早晩、その検証をはじめるでしょう。

ところで、軍隊の非合理性は、それだけのことではありません。それらは本文に示した通りです。

しかも、最近では軍隊の戦うべき対象が他国の軍隊とは限らなくなっているのです。

このことに気づかなければ、あらゆる無理や無駄に悩まされるでしょう。いずれにしろ、現状のような軍隊は解消せざるを得ないのです。

これまでの国防論議には盲点がある

太平洋戦争終結と憲法の制定

憲法第九条の主旨は、軍隊を利用した政治権力の暴走を禁じたこと、と解すべきである。したがって、市民による防衛システムによる国防については、何ら言及するものではない。
また、これらについては、周辺諸国なども何ら干渉も批判も加えるものではない。

太平洋戦争は、今から五十年以上の昔、日本の惨敗で終結しました。
そのとき日本占領に当たって、第一歩を印したのは、連合軍最高司令官であったマッカーサー将軍です。厚木航空基地についたマッカーサー将軍は、そのとき日本軍残党の弾丸がいつ、どこから飛んでくるのか、内心恐れていたということです。当時、厚木基地には最後まで日本の敗戦を認めようとしなかった航空部隊もありましたから、マッカーサー将軍のそんな心配も無理からぬところだったようです。

まして、日本には古くから続く「仇討《あだう》ち」と呼ばれる慣習があるということで、それはマッカーサー将軍に限らず米国軍関係者共通の思いだったのでしょう。

また、米国政府全体に通じた懸念だったようです。現実問題としても、「仇討ち」らしきものは、世界の戦争の歴史にもたびたび表われています。

ともあれ、この心配が戦後に制定された日本国憲法の前文及び第十九条に強く現われているのです。将来の仇討ちの芽をつみとっておきたいと……。

つまり、戦勝国である米国政府としては、何としても将来における日本の自国に対するリターン・マッチを不可能なものにしたかったのです。それが第九条の「戦争の放棄、戦力保持の放棄、さらに交戦権の放棄」という念入りな表現として示されているのです。

ことに交戦権の放棄ということは、自衛戦争ですら認められないかの感があります。

今日では、憲法第九条は自衛権をも否定するものではないと考えられています。けれども、すべての戦争は自衛戦争であるともされるように、自衛の内容は大変あいまいなものでもあります。

むしろ、純然たる自衛戦争とか、専守防衛ということ自体があまり現実的ではないために、交戦権の放棄として定めたのでしょう。

実際、軍隊の有する戦力というのは、その攻撃力にあります。その点から、最近の米国によるイラク先制攻撃論のように、すべての戦争は自衛戦争とされかねません。

何といっても、「攻撃は最大の防御」は常に変わらぬ真実なのです。少なくとも戦争は、防御によって勝つことはできません。

一方、憲法のこうした主旨について、当時の日本の指導者や国民はどう考えていたのでしょうか。本当のところ、米国に対する将来でのリターン・マッチなど全くといってよいほど考えていなかったことでしょう。

実際、戦争末期の日本での物資の不足に対し、圧倒的な米国の科学技術力と物量とを知って、戦況を絶望視せざるを得なかったでしょう。それに加えて広島、長崎への原爆投下の惨状を知って、大半の日本人は、もはや戦争自体を心から嫌悪するに至りました。

ですから、米国に対する将来のリターン・マッチなど、思いもよらぬことだったに違いありません。その心境は「そこを抜かれた」（『五輪書』宮本武蔵著）状態でした。

こうした日本国民の「何が何でも、もう戦争はごめんだ」という心情と、米国側の「リターン・マッチをあらかじめ防止したい」との方針とが、いわば一致した結果が第九条に示されているのです。

今日まで、この平和憲法は、米国側による押し付けという見解がなされたこともあります。その見解が一理あるにしても、そのすべてとはいえないようです。むしろ、日本国民の望んだ結果でもあるといえるでしょう。その条文の理論上の意味はともかくとして……。

ところで、一国の憲法の主旨は一言でいうと、その国の政府権力者に対する命令です。ですから、平和憲法がつくられた主旨は、結果として戦争へと暴走した時の政府はもちろん、その後の政府権力者に対する米国と日本国民との共通する思いからつくられたといえるでしょう。

とはいえ、その後の日本における防衛論議は、この平和憲法の条文の形にこだわりすぎたことも確かなことです。つまり、憲法の解釈にこだわりすぎて、日本国における防衛の必要性について、また防衛の手段方法についての現実性、具体性に欠けていたのです。防衛論議の進行過程において、こうした憲法問題ばかりでなく、海外諸国による日本の戦力に対する懸念などが先行して、具体的な論議がなされませんでした。戦争の後遺症が残っていたこともあるでしょう。そんな事情から、今日までの防衛論議には、常に大きな錯覚がともなっていたのです。

憲法第十三条の内容をとりあげるまでもなく、日本国民にとってその生命、自由、その他財産など犯されてはなりません。

けれども、そんな場合でも戦争や戦力の保有、そして交戦権すら憲法第九条では放棄しているのです。

しかし、これは憲法の条文同士が矛盾しているわけではありません。第九条の主旨にしても、単に何が何でも戦争、戦力の保持、交戦権などを一切認めないというわけではありません。あくまでも国家権力による戦争、戦力の保持、交戦権を否定しているのです。

事実、これまでの戦争の多くは、その国の政府権力者の暴走として起こされています。憲法第九条は、この点を否定しているにすぎません。

つまり、これまでは日本の防衛を考えるに当たって、必要な戦力といえば、必ず国家の保有する陸・海・空軍の姿をイメージしたわけです。

しかし、日本の防衛について深く真剣に考えるなら、むしろ地域の市民による防衛システムによるほうが、すべてにおいて適切かつ合理的と考えられるのです。

ここで、国家の軍隊ではなく市民防衛システムによるほうがいいといえば、まず大半の人々はとても納得できないことでしょう。もし、納得できない根拠があるとすれば、それは一体、なぜでしょうか。

おそらく、その理由は、市民防衛システムなるものが十分な戦闘能力を持つことができるのか、防衛予算が十分に得られるのか、第一十分な兵力といえるのか、その他戦闘の技能の面はどうなのか、戦術、戦略はどうするのかなど、疑問だらけといったところでしょう。結局、市民防衛など考えるだけ無駄と……。

けれども、多くの人々のこれまでの軍隊に対する一般的なイメージには、数々の非合理的な思い込みというものがともなっていることに気づくことが大事なのです。

その結果、日本国民の生命、自由、財産などを外敵から防衛するためには、これまでのような軍隊では適切ではなく、市民防衛システム（内容後述）こそがすべてにおいて合理的であることに気づくに違いありません。

そして、「国防は軍隊でなければ不可能だ」といった錯覚や幻想から脱することになるはずです。このことはすべて、詳細は本文にて徐々に明らかになるでしょう。

そこで、まず日本の防衛を考えるに当たって、最も大事な前提となる「何をどのように防衛するのか」を検証することにします。つまり、仮想される外敵の意図とその規模及び装備を考えなければ、防衛構想が成り立ちません。

何をどんな敵から防衛するのか（防衛の目標と仮想敵）

防衛力の整備に当たっては、何よりも仮想敵の設定が大前提となる。けれども、仮想敵は決して固定してはならない。時とともに変化することもあるからである。

この意味で「敵を知り、己を知らば百戦あやうからず」という。

正しい戦略眼は、そのとき初めて生まれるからである。

今後、防衛を考えるに当たっては「何をどんな敵からどのようにして護るのか」が大前提になります。ことに「どんな敵」かを想定することが何より大事なことです。もし、どんな敵か、を誤ると、すべてを誤る恐れがあるからです。

仮想すべき敵を誤ると、もし現実に戦争などが起これば、防衛計画が全く何の役にも立たないかもしれません。仮に何事もなかったとしても、多大な無駄を費やしたばかりか、その後にも悪影響が残るでしょう。

日本にとって、どんな敵が侵攻する可能性があるのか、あるいはどんな敵の侵入侵攻が懸念されるのかが最も大事なことです。

むろん、その他の可能性も十分に考慮したうえのことです。そして、そのために必要な戦略戦術や兵力、装備、兵站《へいたん》その他を考えることです。

たとえば、仮想敵として日本本土に対し、大ないし中規模な敵軍による上陸作戦を想定して、国防計画を立てるとすればどうでしょうか。本当に現実的といえるでしょうか。

それは決して現実的とはいえません。

歴史的にみても、日本本土に対し敵が上陸作戦を行なったことはありません。将来はさらに可能性が薄いでしょう。敵の目的を考えればわかることです。

上陸作戦を行なうにしても、相手国本土に対し、しかも待ち構える相手の正面に姿をさらすことは、大きな危険とハンディキャップがあることはいうまでもないでしょう。日本というよりも、世界の戦争史上にもないでしょう。それが可能なのは、相手に対して圧倒的戦力があり、かつ優勢な戦いの最終段階として行なう場合です。蒙古軍が壱岐の島を侵略するような話ではありません。

太平洋戦争末期の勝勢が決定的となった米軍でさえ、日本本土への上陸作戦は行ないませんでした。大きな損害を払って上陸が成功しても、その後の採算は保障できません。まして、日本本土決戦へと発展すれば、戦いは泥沼化してしまう恐れもあるでしょう。

太平洋戦争末期の硫黄島への上陸作戦にしても、それまで長期間に及ぶ空爆と艦砲射撃を繰り返して、島の形が変わるほど攻撃した後に行なったものです。

上陸部隊の戦力は、日本軍守備隊の何倍も優るものでしたが、それでも米軍の死傷者の数は、日本軍のそれを上回ったことが知られています。まして、日本側は、米国に完全に制空権も制海権も握られて、孤立無援の状態でのことです。

沖縄戦にしても、日本側に十分な準備がなく、一般住民を巻き込んだ戦いであり、米軍の戦力は、硫黄島の場合とは格段に違っています。

現在のように、制空権や制海権にしても、米国との安全保障条約下にありますから、敵の大、中規模の日本への上陸作戦など全く考えられることではありません。

かつて、湾岸戦争でも、米国は上陸作戦部隊（海兵隊）を送り出しましたが、陽動作戦でした。第一、世界各国の状況からすると、本格的な上陸作戦部隊を有するのは米国のみであるといってよいほどです。というより、海兵隊という存在も、陸・海・空軍などとともに考え直すべき時代になっています。

このようなことから、日本に対して本格的な上陸作戦を行なうような敵はないと考えてもよいほどであり、仮にあるとしても、それほど重く考える必要はありません。もっと日本の事情と世界情勢を考えた防衛でなければなりません。

そうした仮想敵にしても、時勢によって流動的に考えることも大切でしょう。

現今としては、そうした敵が現われるとすれば、どこからかミサイル攻撃をするとか、密かに着上陸して行なうテロ活動と考えるべきでしょう。大軍で上陸作戦を行なう敵よりも、密かに行なうゲリラ戦法やテロ活動のほうが、ずっと安易で、かつ大被害を受ける可能性が高いからです。重装備や兵力量の問題ではないことを、戦訓から学ぶことです。

このように市民防衛システムでは、プライオリティーが初めから決められていることが一つの特徴です。ですから、ゲリラやテロ活動が行なわれる以前の予防（防衛）とともに、たとえばその地域では、「原子力発電施設」のごとく、最も狙われてはならない目標の防衛を初めから主任務とするものです。ゲリラやテロ活動を後追いするのでは、真の防衛になりません。むろん、市民防衛システムでは、通常の軍相応の戦闘能力も持つものです。

軍隊とは何か

なぜ軍隊を持つのか

元来、軍隊を保有する目的は、その現実上の戦力だけではなく、その存在自体が有する戦争の抑止力としてであった。
この二様の目的に対して、明確な認識が軍関係者に欠けていると、軍隊はいずれの目的にも、そぐわぬ結果になりがちである。

国が軍隊をなぜ保有するのかというと、二通りの目標からです。目標というより、「理想的な目標」と「現実的手段」として軍隊を持つといってよいでしょう。

つまり、戦時には敵軍を打ち負かすような強力な戦力としてであり、また平時には、敵国の戦争をしかけようとする意欲をくじくような戦争への抑止力となることです。

この抑止力は、ある意味で現実上の戦力以上に大事なことと考えられます。実際に戦うことなく自国を護ることができれば、これに越したことはありません。そのため、古くからこの抑止力を、より確かなものにするため種々の工夫がなされてきました。

つまり、軍隊の戦力を平和的な方法で抑止力として高めるための戦略です。その典型的なものが軍隊で年中行事となっている「観閲式」です。観閲式では、大勢の兵たちが統一された服装と武器を手に、一糸乱れぬ統制のとれた歩調で行進するものです。

ついで同じように戦車群や装甲車群、そしてミサイル部隊といったように次から次へと行進するのが観閲式の形であり、誰もが何かで見たことがあるでしょう。

このような威風堂々とした多くの兵や武器を見ると、一般に国民としても何となく安心感や信頼感を自国に対して得るでしょう。一方、これを外国から見ると、大変強大な軍事力としての迫力を感ずるでしょう。つまり、観閲式は自国の軍隊によって他国への抑止力となることを目的としているのです。

これは、海軍では観艦式というのがあり、そのもっと積極的なものが「砲艦外交」と呼ばれています。その一つの実例が、かつてペリーの艦隊が巨砲群を江戸城に向けて行なった外交であり、米国の捕鯨船の補給（水、食糧）のための港を提供するように求めたものです。

その条約が後にいわれる不平等条約ですから、そこで砲艦外交を利用したものです。

もっとも、これに対して日本側もいくつかの戦略をもって対抗したようです。高台に寺院の鐘を動員して、巨砲群であるかのごとく見せたということです。鐘の運搬はもとより米艦への食糧搬入に相撲とりたちを使って、米兵たちにプレッシャーを与えたといわれています。

また、航空ショーと呼ばれているのも同様です。多くの新鋭戦闘機と攻撃機を展示し、戦闘機のアクロバット飛行で操縦技術をみせつけるものです。それもこれも、もともと戦争の抑止力となるよう行なってきたものです。そのため何かにつけて、抑止力となるよう工夫を要するのです。

冷戦終結後、ソ連軍が東ドイツから撤収するに当たって、極めて多数のベニヤ板製の戦車が残されていたといわれています。当時、世界的陸軍国としてソ連の戦車保有台数は何万台と称されていました。

一方、湾岸戦争で、米軍側はイラクのベニヤ板製のミサイル発射装置を何度も攻撃したといわれています。

その点、イラクのダミー作戦も、それなりに有効だったのでしょうが、「抑止力そのものは一旦、戦争が始まってしまうと、その効力を失う」ことは、いうまでもありません。

「張り子の虎」も、平時には効力があるということです。しかし、戦時では装備の優秀性、これを扱う人間の技術、その数量及びその使い方（戦術）が大事であることはいうまでもありません。

けれども、とかく軍隊の関係者が、これら二面の目的について軽く考え、「装備や兵力さえ大きくすれば同じことだろう」と考えていると、結果として、そのいずれの目的も中途半端になってしまうのです。

軍隊には、古くから「兵力量や装備武器の数量が、多ければ多いほどよい（戦力が大きい）」という伝統的な傾向があります。そのため諸々の無駄が多くなったり、装備兵器、戦術上のバランスが不自然になることが少なくありません。

たとえば、平時では戦車、艦艇、航空機の数にこだわりすぎて、そのために必要な弾薬や兵站《へいたん》を無視することがあります。確かに弾薬や兵站は、それらと異なり、急な増産が可能かも知れません。戦車、艦艇、航空機などは、いざ戦時となっても、急にはつくれないというのも一理あるでしょう。

しかし、そうした考えのなかに「当分、戦争などないだろう」という油断（平和ボケ）がありますから、弾薬、兵站ばかりでなく、兵の訓練や戦術研究といった面がおろそかになるものです。一方、抑止力としては、単に兵力や武器の数量だけがすべてなのではありません。その他の宣伝も大事なのです。

このようにして、軍隊の持つこの二様の目標に対する十分な認識に欠けると、「いずれにしろ兵力と装備の数量がありさえすれば、それで十分だ」と心のどこかで考えるようになります。

そうすると、「抑止力」のほうは軽く考えるでしょう。また、現実上の戦力としても兵力量（装備をともなう）至上主義になりかねません（後の項、参照）。

兵力や装備が多ければ多いほどよいということでは、限りある予算に無理が生じます。しかも、兵の訓練やことに各場面に対する戦術研究への関心が薄れてくるのです。「抑止力」どころか、そうした思いが自分勝手な軍事力拡大競争につながってしまうのです。古くから今日まで「軍隊は戦争のない世をつくるためにある」との理想は、ついに実現することなく終わったのです。なぜならすでに抑止力は「核」へと移っているからです。

軍隊の持つ画一性とは

軍隊の世界では、何かにつけて画一的である。統一化ないし規格化ともいえよう。これは、タテ割り組織にありがちな「没個性」を求めるかのような傾向と関わりがある。

タテ割り組織のスムーズな運営もさりながら、それは平時の問題である。兵の没個性は戦時には将棋の駒でしかない。外人部隊の強さも、時として必要である。タテ割り組織による没個性は、もはや通用しない時代がすでにきていると気づくことである。

観閲式（前述）の様子にも現われているように、軍隊では何かにつけて画一的（統一性、規格性）な特徴が見うけられます。

服装、武器、行動にもそれが見られますが、部隊編成から戦法戦術にも及んでいます。

軍人といえども、公務員でもあるから、といった話ではありません。

軍隊の訓練にしても、歩兵は対歩兵戦が中心であり、戦車隊は対戦車戦といった傾向が強く、異種格闘技戦をあまり重視していないかに見えます。戦闘技術の訓練においても、たとえば兵個人の職人芸、名人芸といった特別な能力は求めていないようです。

このことは、軍隊が必ずしも戦闘技術のプロ集団ではないことを暗示しているのです。

つまり、外人部隊の有する戦闘能力は、初めから期待していないのです。

兵を一人一人長期にわたって、格別高い技術や能力を身につけるよう訓練することはしません。比較的短期間で、常人を上回る程度の戦闘能力を身につけることを目標として訓練しているのです。いわば規格品の大量生産方式なのです。

この事実は、軍隊組織のなかで末端に位置する兵たちを、一種の消耗品と考えているからです。そして、兵は上層部の指す将棋の駒ですから、個性的技術や行動は、かえって禁物ということでしょう。一口にいうと、「没個性」こそが美徳であり、初めから多くを望んでいない存在ともいえるでしょう。

この事実は、戦闘ごとの戦術の幅が初めから制限されていることを意味します。兵自身の判断や行動は許されません。たとえ功績があっても、軍律違反として問われるのです。

なぜ、そうなのかといえば、そこには古くから軍隊の有する基本的戦術として、兵力量に関する経験的知恵があるからです。それについては、後の項（ランチェスターの法則）で示します。このことが従来の軍隊の戦略戦術の不自由につながっていたのです。

そのため、これまでの軍隊では優れた戦略を有する司令官や巧妙な戦術を駆使し得る人材の不足が目立っていたのです。軍隊は、戦略戦術を有する人材を育成するところではなかったのです。

三国志で、諸葛孔明を軍師として迎えたのも、蜀の軍隊には武将ばかりで、戦略戦術に優れた知将が少なかったからです。

アフガニスタンでのテロリストを倒すべく米国が送った最新鋭の軍隊は、あくまで対軍隊用につくられたものです。

テロリストを発見し、攻撃することは大変難しいことです。が、テロリストが軍隊を発見し、攻撃することは容易なことでしょう。

兵力や装備も重要でしょうが、本当は何よりもその戦術が第一なのです。時には軍隊としての規格性、画一性を破ることも、大切な戦術につながるのです（後の項、戦略戦術参照）。

タテ型組織には大きな欠陥がある

> これまでの軍隊の欠陥や非合理の根源は、そのタテ割り組織とそのピラミッド構造に尽きる。何より大事な戦略眼の欠如、そして当を得た戦術の発想の貧困も、その点にある。

今日、事あるたびに、タテ型組織の有する欠陥が指摘されています。阪神大震災のときには消防、警察、緊急医療の不調和が目立ったことは、周知のことでしょう。その反省からなされた数々の指摘や提案は、その後どうなったのでしょう。けれども、こうした指摘や提案に現実に応えられないのが、そもそもタテ型組織の持つ欠陥なのでしょう。

その点、旧日本の軍隊にしても、事情は何ら変わりません。軍隊の社会には警察、衛生、消防、建設の各部門が含まれていますから、その点には問題はありません。

しかし、旧日本軍隊では、陸軍と海軍とがそれぞれタテ型組織の役所のような状況でした。海軍の内部でも艦隊と航空隊とは機動部隊を除けば、やはりタテ型組織の別の役所のようでした。

旧海軍が「大艦巨砲」派と「航空機派」との二つが、「大艦巨砲と航空機とでは、どちらが強いか」と、終戦に至るまで争っていたほどです。こうした状況からでは、優れた戦術は生まれません（後の項、参照）。

こうした類の大失態を何度も繰り返しつつ、何ら具体的な対応をしなかった旧日本の軍隊のありようは、今日も変わることなくタテ割り行政組織に受けつがれているのです。軍隊では、これに加えて階級性という上意下達の一方通行が、その欠陥を一段と強固なものにしているのです。

これでは、優れた戦術が生まれるどころか、タテ割り組織同士の縄張り争いが激しくなるという悪循環を繰り返すばかりです。

少なくとも、兵たちは戦闘技術のプロ集団ではなく、また中級上級幹部にしても、戦術や戦略の専門家というわけではないのです。

この点、米国の軍組織では、優れた戦略の発想次第で、階級を飛び越えて最高司令官となることができるのです。個性を尊重することは、戦争の勝勢に大きく関わるものです。

軍隊ではなぜ兵力量にこだわるのか

ランチェスターの法則とは

古くから今日まで、戦闘の勝敗は、彼我の兵力量の大小によって決まることが知られている。

その他の勝敗を左右すると考えられる要因の影響は、兵力の陰にかくれてしまうからである。これをランチェスターの法則と呼ぶ。

過去の教訓は、この法則を戦闘の指導者がたびたび信じ過ぎたり、あるいは無視することが肝心な戦術を得なかったことを教えている。

分かりやすい一般的な陸上戦闘の場合で説明しますと、古くから戦闘（戦争の一場面）での有利不利はもちろん、その勝敗という結果は、ひとえにその局面での彼我の兵力量によることが知られています。それ故、勝利を得るためには下手な戦術よりも、より確かな戦術でもある兵力量に対して敏感になるものです。

「多勢に無勢」というのは、戦いの結果を予想した表現です。有利不利や勝敗の結果には当然、彼我のある時点での兵力損失が関わります。多勢に無勢という経験知を、数学的に証明したのが「ランチェスターの法則（一次、二次の法則がある）」と呼ばれています。

ランチェスターの法則は、戦闘条件によって変わりますが、数式の示す傾向は同様と考えてよいでしょう。有利不利や勝敗というものは、兵力損失の時間的推移として示されています。

時々、米軍関係者が「〇〇国との戦いには、将兵××万人が必要である。戦いには××カ月かかるだろう。自軍の犠牲者は××人と推定される」などと、報道することがあります。

それらの数値は、いうまでもなくランチェスターの法則から導かれたものです。

なぜ、そんなことが分かるのか、というよりも、武器や戦術など勝敗を左右すると思われる要素は、一体どうなっているのかと思われるかもしれません。

それらはむろん、結果に対し無関係ではありません。しかし、戦争という多数による集団戦では、武器の性能や兵の技量、そして戦術内容などによる影響が兵力量の陰にかくれてしまうのです。

ですから、戦闘の状況や勝敗という結果は、兵力量という確定要素（数値として）によって知ることが何よりも分かりやすいわけです。

こうして、ランチェスターの法則は艦隊決戦などにも応用できますし、その結果は現実を証明したり、予測することができるのです。

その結果は、経験知とほぼ一致するために、軍隊では、この法則が普遍的な真実のように考えられがちなのです。

たとえば機関銃を持つ一人の兵と、これを囲むように小銃を持つ三人の兵が、「用意！ドン」で打ち合うとすれば、どちら側が有利かは想像できるでしょう。

しかし、人間の考え方は常に一様ではありません。また、自信家もいるでしょうし、民族性、経験の違いということもあります。

つまり、軍人であれば誰もが経験から、あるいはランチェスターの法則により、戦闘の結果を左右するカギが兵力量によることは、十分理解しているはずです。

けれども、現実の場では、このランチェスターの法則にこだわりすぎたり、反対に無視したりすることが少なくありません。戦術が先行するのかもしれません。

しかし、ランチェスターの法則の教えるところは、まず現実の可能な兵力量が先であり、その劣る面をどう戦術でカバーするかにあるのです。そうでなければ、優れた戦術とはならない恐れがあるのです。

その点、米軍は常にランチェスターの法則に忠実すぎるようです。旧日本軍では、この法則を無視するようなことが少なくありませんでした。忠実すぎるのも、軍隊が戦術の幅を自ら制限することにつながってしまうということです。

旧日本陸軍がたびたび、このくらいの兵力で十分だろうと、兵力の小出し（逐次投入）を繰り返した失敗は、戦術その他の根拠があってのことではありません。何らかの「思い込み」による結果でしょう。

「思い込み」といえば、野球でチームの最高打者は四番でなければならない、と考えるのも「思い込み」にすぎないのかもしれません。

その前の三番打者への思いとも関連することでしょう。事実、統計的解析によれば、最高打者は二番でなければならないと、発表されています。思い込みと戦術との関係には、注意が必要だという実例といえるでしょう。

要は、これからの時代では戦略や戦術が大いに向上する結果、兵力量第一の思いは薄れてゆくだろうということです。

軍拡競争は、軍隊の二様の目標（前述）のいずれかについても、その意味にそいません。テロリストに対し、はるかに勝る兵力（装備をともなう）を当てたとしても、勝敗の一大要素にはならないケースであり、また、そんな時代へと変わりつつあるのですから。

情報の同時リアル・タイム化

すでに目前に迫る「情報のリアル・タイム化」は、こうした軍隊のありようのすべてを根底から否定するに違いない。結局、今様の軍隊は解消せざるを得ないであろう。

この問題に関しては、はじめにその概要を示した通りです。軍隊というより、国防のシステムがソフト、ハード両面で大改革を迫られることは確かなことでしょう。官庁はもとより民間企業にとっては、競争の成果として死活問題となるでしょう。

米国のいくつかの企業は、すでにその準備に入っています。軍関係者も、一部でそうした動きが始まっていると聞いています。

企業での研究によると、社員の通勤はほとんど無用になる、と。また、部課や部長や課長という役職はむろん、社内の上下関係も意味がなくなる、と。つまり社員一人一人が、社長から一般社員の役目をかねることになる、と。これまでのようなスペシャリストは通用しなくなり、分業制も怪しくなる……と、いうことです。

別のいい方でいえば、個性を生かし、かつ多方面の知識や経験が尊ばれるようになるということです。これらのすべてが軍隊にもそっくりそのまま当てはまるのですから、全く違った存在に変わるでしょう。

情報技術の進歩は、すべてのタテ割り組織と、そのなかのピラミッド構造とを否定することになる時代の到来を告げているのです。

タテ割り組織の欠陥について、理屈がどうであれ、半ば強制的な改革が迫っていることは確かなことなのです。

必要は、実現の強力な原動力となるでしょう。

核兵器の意味

冷戦終結と核の抑止力

軍隊は、すでに戦争の抑止力を失っている。軍拡競争はその証明であろう。しかもその間に抑止力は核に移っている。

戦争のシンボルが、軍隊から核へと移った結果、「戦争は政治の一手段」（クラウゼン・ビッツ）の意は、「核は政治の一手段」となった。

いずれにしろ、力の政治は新型のテロ誘発の一因となっている。すでに核の抑止力も怪しくなりつつある。抑止力の本源を知るべきであろう。

第二次世界大戦（含、太平洋戦争）終結の後、自由主義（資本主義・民主主義）をもととする西側世界と、共産主義をもととする東側世界とが世界を二分して、一触即発の睨み合いが何十年と続いた冷戦時代がありました。

東西両陣営ともに核戦争も辞さぬといった危機に満ちた時代でした。

それ以前の冷戦に至るまでの時代には、米国を中心とする西側世界の各国は植民地を求め、あるいは市場の拡大を目指しつつありました。一方、東側世界では旧ソ連を中心として、領土の拡大や属国拡大政策を強くすすめていました。そのため、東西世界の利害がまさに衝突しようかという状況でした。

そんなとき、東西両世界とは違った第三世界をめざしつつあったドイツや日本が第二次大戦の引き金を引いたといってもよいでしょう。

そこで、東西両陣営としてもドイツや日本と本格的に戦うべく、両陣営の対決は一時延期された形となりました。

ドイツが敗れ、ついで日本の敗戦も時間の問題となりましたが、米国としては日本本土への上陸作戦は大いにためらいがありました（前述）。

もし、日本本土での決戦ともなれば、米国側の勝利は確かであるにしても、その犠牲者は恐るべき数に達することが予測されたからでもあります。

戦後しばらくの後に、米国がもし、広島と長崎に原爆を投下せず、日本本土決戦を行なっていたとすれば、米国としては約百万人から二百万人もの若者を犠牲にしなければならなかったであろうと述べたものです。

しかし、原爆投下の真相は、決してそれが真の理由だったわけではありません。なぜなら、日本側の戦力はもとより一般国民の物資的窮乏のありさまから、日本の敗戦はもはや時間の問題だったからです。

しかし、米国としては当時のソ連の領土拡大の動きから、日本の敗戦までの時間的余裕はなく、旧ソ連を中心とする共産主義世界の勢力拡大に対する抑止力となると考え、原爆の投下を急いだものです。

そのため、大戦終結後のソ連でも領土拡大の進行を一旦、中止して、米国と対決するための力として原水爆とその運搬手段の開発と、そのためのスパイ活動などに力を入れました。それが冷戦時代の始まりであり、その両陣営ともに対立する相手陣営による恐怖を宣伝し合ったものです。

その間、両陣営ともに強大な軍備、特に原水爆の質と量はもとより、その運搬手段の拡充は際限なく進みました。当時、米ソそれぞれ両国だけでも、世界人類を何度となく滅亡させ得るほどの核兵器とその運搬手段を持つに至っています。それでも、核戦争は起こりませんでした。

それも、米ソ両国とも核兵器を使用する意志がなかったからではありません。それどころか、米ソ両国ともに相手国を核によって先制攻撃すべく、そのチャンスを狙っていたのです。

しかし、ついに両国のいずれも先制攻撃するに至りませんでした。先制攻撃により、相手国の生き残った核による反撃能力を完全に奪うことが不可能と考えられたからです。

そのため、米ソともにそうした反撃能力を十二分に維持すべく、核兵器を広く各所に分散配備していました。

こうして、世界人類を何度となく滅亡し得るほどの核を持ったのです。自らが先制攻撃したとしても、その反撃によって双方ともに滅亡するということで、こうしたケースでの核の使用は、とてもできないということです。

むろん、その間には相手国による核の先制攻撃から、防御ないし逃れるための研究もなされています。

その方法の一つとして、核攻撃に対して十分耐えられるようなシェルターの建設があります。

そんなシェルターの建設は、決して不可能ではありません。しかし、シェルターは相手国に対する攻撃の抑止力にはなりません。まして大半の自国民を収容するようなシェルターともなると、途方もないコストがかかりますし、第一、相手の先制攻撃を知って後に、人々がシェルターに飛び込む余裕もありません。

大陸間弾道弾であれば、警報から十五分くらいの時間しかないのですから。

また、大陸間弾道弾に対する迎撃ミサイル（ＡＢＭ）も研究されました。しかし、迎撃システムをつくるにしても、技術的にも困難であり、かつ莫大なコストがかかるためにその計画は中止され、米ソ間ではＡＢＭ禁止条約が結ばれたのもそんな事情からです。もっとも、二〇〇二年現在、米国ではＡＢＭ禁止条約を破棄して、迎撃システムの開発に着手しているようです。日本も含めて……。

しかし、それは実用的な意味というより、一部の敵対国に対する政治上の理由からでしょう。つまり、大国同士では核の使用はできないとしても、米国に対し、死に物狂いで核攻撃をする小国もあり得るという心配が生じているためです。

こうなると、もはや戦争ともいえません。ひとあわふかせたいということであれば……。いずれにしても、現在の核弾頭はミサイルが飛行中にも模擬弾も含め、多弾頭となって広く分散するために、これを迎撃ミサイルで完全に撃ち落とすことは、とてもできることではありません。

そのため、米ソともに相手国の核ミサイルによる自国への先制攻撃をあきらめさせるよう、反撃能力を持つしか他に方法がありませんでした。そして、核ミサイルの広域な分散配備につながったのです。

これは、大変あやうい力のバランスといえるでしょう。このバランスが崩れることによって起こったのが、ソ連のキューバへの核ミサイルの配備によるキューバ危機なのです。

旧ソ連のキューバへの核弾頭配備は、米国で原子力潜水艦から核ミサイルの発射が可能となったことが主な理由です。

何といっても、原子力潜水艦は長期間にわたって潜航できるとともに、隠密性にすぐれるからです。そこで焦りを感じたソ連が起こしたのが、米国の裏庭のような場所であるキューバへの核ミサイルの配備によるキューバ危機でした。キューバ危機は、核戦争も辞さぬとする米国の強い態度に対して、ソ連がキューバから核ミサイルを撤去して解消されました。

キューバ危機は、米ソ両核大国がお互いに核戦争で完全に勝利することができないことを、再確認するキッカケとなったといえるでしょう。

お互いに核戦争を通してにらみ合った東西冷戦は、事実上このとき終わったのです。

第二次大戦以降、長く続いた冷戦の終了は、核が軍隊に代わる戦争の抑止力となったことを教えています。極端な話かもしれませんが、軍隊を持たない国でも、核とその運搬手段を所有すれば、自国に対する戦争の抑止力となるのです。

そして、クラウゼン・ビッツの「戦争は政治の一手段（『戦争論』）」における軍隊の意味が核へと移って、今日では「核は政治の一手段」となっているのです。

しかし、後の項で述べるようにテロ活動の脅威によって、再び核の抑止力が怪しくなりつつあるのです。

つまり、それは、軍隊や核といったハード面だけでは、正常な政治の手段には必ずしもなり得ないことを示しているのではないでしょうか。

核大国は真の強国か

今や核大国は、核を有するが故に、恐れおののいている。頑健な身体と臆病な精神とを合わせ持っている。これは、危険な病気への兆候なのである。何も核に限ることではない。

生物化学兵器、原子力関係施設など、すべてが心配の種となっている。ましてコンパクトなＡＢＣ兵器をテロリストが持ち込み、人ごみにまぎれ込むとしたら、と。これが核大国の真相なのである。


すでに米、ロなどの核大国では、核が戦争の抑止力とはなっても、現実に使用することはまずできないことを知っています。

局地的な戦術核の使用は可能と考えているかもしれませんが、むしろ、弱小国が核とその運搬手段を持ってゲリラ的に使用したり、テロ行為の延長として使用する可能性が高まりつつあると懸念されています。

もし、核を弱小国が戦争に勝つためではなく、一矢報いたいと考えて現実に使用することがあるとすれば、その確かな対応策はほとんどなきに等しいからです。

その結果、そんな疑いのある国家や地域への核による先制攻撃もやむを得ないとする破滅的行為も実現しないとはいえません。

そうなると、核の戦争抑止力も怪しくなってきます。

そして、核が人類にとって最終兵器ではなくなることも考えられないではありません。

もし、テロリストや、いわゆるテロ支援国家が、核とその運搬手段を持つとすれば、窮鼠猫を噛むということもあり得ます。小型の核兵器の類は、テロリストにとって、最も現実的兵器の一つでしょう。

もし、何人ものテロリストがそうした大量破壊兵器と呼ばれるものを、自国内の各所で持ち歩くようなことがあれば、その恐怖は、あのニューヨークでのテロをはるかに越えたものとなるでしょう。

こうして、人込みにまぎれたテロリストに対しては、ほとんど有効な防衛手段がありません。その他、生物化学兵器についても同様です。

それに加えて、米国など冷戦中に国内外に広く分布配備した核関連施設が多数あります。

それらをテロリストにねらわれる恐れがあります。

その他、各地の原子力発電所、生物化学兵器の貯蔵施設、原子力船（潜水艦も含む）などキリがありません。もし、これからの施設を昼夜にわたって警戒しなければならないとしたら、その費用は莫大なものとなるでしょう。

テロリストによる脅迫だけでも……。

本年、米ロ両国により核制限条約を結んだのも、そうした心配もあってのことです。

核兵器の弾頭数を削減しても、核物質はそのまま生き残ります。まして最近、米国が保有する化学兵器の一部の腐食が始まっているとの報道がありましたが、その処分は技術的にも当てがなく、そのための費用となると見当もつきません。

旧日本軍が中国で埋め残した化学弾の処分もほとんど進まず、日本が負担するそのための費用でさえ何兆円といわれています。まして、米国の化学兵器は、旧日本軍と違って数量も桁違いであり、サリン、ソマン、タブン、VXなど、きわめて危険な物質なのです。

しかも、テロの対象は一般施設をも含みますから、国家そのものが一大危機に突入しようかという状況なのです。いわゆる自滅の道をすすんでいるかの感さえします。

現に、大国とはいえ、内情は戦々恐々なのです。

しかも、米国は常に軍隊を他国へ送って勝算のない戦いを続けているのです。

もし、国内外のこうした事情が重なって、忍耐力を失ったら、核兵器による先制攻撃なども起こりかねません。一人のテロリストを倒すのに十万人の一般人を道づれにするような一大テロとなってしまいます。

核大国といっても、実際上は弱国そのものの状態なのです。少なくとも、こうした事情による経費倒れは、もはや逃れることはできないでしょう。

日本は核を持つべきか

> 核を保有し、これを政治の手段と考えるのは、すでに核に負け、核に頭を下げる真の弱者の考えである。核大国の庭が良く見えるなら、それは錯覚である。
> 核大国の事情を知り、その行く末を感受できなければ、危険な指導者となる恐れがある。核大国の運命に追従する覚悟と、その責任をとることができるのだろうか。

最近、政府関係者のなかから、日本が核を持つことを容認するかのような意見がなされたようです。実際、他にも同様な人々が潜在しているのではないでしょうか。

日本が現実に核を持つとすれば、数々の難問題が生じるでしょう。

現在、日本は米国の核の傘のもとにあり、これまで核の抑止力の効用を得ていたといえましょう。

そのうえ、さらに日本が核武装するとなれば、現在より一段と強い抑止力を得るといえるでしょうか。その前に海外諸国による強い不信と、反感をうけるでしょう。憲法上の問題にもなるでしょう。核の被害を体験した唯一の国である日本が核を持つとなれば、海外諸国としては、何か特別な疑念を持たざるを得ないでしょう。

また、核兵器を持つからには、当然その運搬手段であるミサイルとその施設が必要になります。米国などの現状（前述）を考えれば、核を持つデメリットばかりが増加して、何一つもメリットはないことが予想できます。

それを承知で、なお核の保有を望む政府関係者がいるとすれば、それが、「政治上の手段」として考えているに違いありません。

最近になって、北朝鮮による多くの日本人拉致《らち》疑惑の一端が明るみに出ましたが、これは北朝鮮の内部事情から交渉ができるようになったのではありません。北朝鮮の内部事情など、単なる一つの条件にすぎません。日本国の首相が直接訪朝する意思を示したことがすべてなのです。それは、誠意と勇気の問題なのです。

拉致問題が交渉によって、どの程度進展するかは、現実に交渉しつつ、考えればよいことです。かつて政府関係者のなかには、北朝鮮との交渉で拉致問題を持ち出すだけで、交渉が決裂するからとか、なかにはそんな話をすれば、北朝鮮からミサイルが飛んでくるかもしれぬとか、冗談にもならない意見がでてくると聞いています。

日本の外務省の感性に欠けた人材にも、大変疑問を感じます。こうした問題は、理屈を重ねてゆけばうまくゆくとは限りません。ドロボーにも三分の理ではありませんが、理屈を積み上げれば積み上げるほど、困った問題がともなうものです。

ですから、まず最初の交渉から感性と情をもって当たるべきケースなのです。理屈はその後の話なのです。かつて、江戸城に単身のりこんだ勝海舟のような度胸と情が必要なのです。そうした政治指導者が、日本には何十年にわたって一人としていなかったというのがこの問題の真相であり、それが拉致された人々の多くを死に追い込んだといわれてもしかたがありません。

憲法第十三条で、日本国民の基本的人権である「生命、自由その他」は政府が特別の配慮をしなければならない、と規定しています。

であれば、政府関係者のすべてが、この明白な憲法違反について知らん顔をしていたことになるでしょう。それもこれも、それらの人々が勇気も度胸も、また誠意もなかったからなのです。

逆にいえば、すべての人々がこの問題で英雄になる機会を逃してしまったのです。真の指導者は、感性豊かな大局観を持つことであり、理屈ではありません。自然体と平常心が何より大切なのです。ずるがしこい者には、自然体、平常心は初めから期待できません。

こうした政府関係者が自ら、勇気や度胸のなさを核の保有に話を転嫁しているにすぎません。

核を政治の道具として、外交交渉を行なえば、うまくゆくと考えるのは大いなる錯覚です。すでに自身が核に負けて頭をさげているのです。それでは、何もかも日本は核大国のいいなりになるしかありません。

核にしろ何にしろ、そうした力の外交の結果、自滅の道を歩みはじめた国家があることを十分認識することです。テロリストですら、核を恐れていないのです。どこかの国の二番煎じなど、全くつまりません。

実際、核を持つ者ほど核を恐れています。日本が核を持つことは、狂気の沙汰といえるでしょう。戦争の抑止力の本源を考える必要があるでしょう。

防衛の基盤は戦略と戦術にある

軍隊は、決して戦闘技術のプロ集団でもなく、戦略、戦術のオーソリティー養成所でもない。

国家から人々の運命を託された指導者は、知識以前に平常心と観の目を持つ者でなければならない（『五輪書』参照）。

この教えを先の第二次大戦や太平洋戦争の実例から、貴重な教訓として学ぶことも意義あることである。これらの戦訓は、現代経営学のもとになっているものである。

国家間の戦争には、大小様々な戦闘局面があります。

それから各局面の指導的立場にある司令官は、局面全体を把握して、その意味目的とその達成の手段について広く明るい認識がなくてはなりません。そのためには、まず己を知り敵を知ることが必要です。

司令官の役目は、一般の将兵のように与えられた装備とその専門技術によって戦うのとは違って、独創性、先見性といった豊かな感性と、幅広い知性とが欠かせません。特定のこだわりを持つことなく、自然体と平常心を維持して、常に全局を見る眼力の持ち主であることが必要です。

戦闘を左右するのは、単に兵力や装備ではなく、兵力や装備を真に生かす戦術が大事なのです。一歩進んで、戦術をさらに生かす戦略は、なによりも司令官にとって大事な用件なのです。

このことを理解するために、第二次世界大戦（含、太平洋戦争）での実例を教訓とすることが、戦争に限らず人生、社会に大いに生きてくるでしょう。「相撲に勝って、勝負に負けた」ということがありますように……。

防衛にとっては、生命がかかっているのです。

戦術は成功、戦略は大失敗

太平洋戦争は、日本の勝勢期と敗勢期との前、後期にわけることができます。その前後期を分けた戦いがガダルカナル島（飛行基地の争奪戦）での長い戦いです。

その当時、日本海軍では、ガダルカナル島の存在に気づき、もしそこに飛行基地を設ければ、日米戦の戦況が大変有利になると考えて、陸軍の建設部隊を送った。基地の完成があと一息というとき、これを知った米陸軍が一気に島（基地）を占領した。

これを知った日本陸軍では、この事態を軽く考えて、兵力の逐次投入というまずい戦法を繰り返して、もはや全滅は時間の問題となっていた。

そのころ米軍は、大兵力と必要物資を何百隻の民間船の船団を組んで、湾内に集結して上陸作業を始めた。

このことを知った海軍は、陸軍部隊を支援すべく小艦艇数隻によって夜間の特攻作戦を行なうため、ガダルカナル湾の南方から迫っていった。夜間とはいえ、レーダーを備えた米軍に勝てると考えていたわけではなかった。現に米海軍としては、島の南北に各四隻の重巡洋艦によって上陸作戦を援護しており、同地域の対日戦力としてはそれで十分と考えていた。

特攻艦隊の戦力を米国重巡四隻と比較すれば、常識的には勝てる見込みはほとんどない。しかし、このとき、日本側が一斉に発射した酸素魚雷によって、四隻を一瞬に撃沈大破したのである。

次の瞬間、日本特攻艦隊は、北側にも敵（重巡四隻）ありというので、一気に迫って、同様に四隻とも撃沈してしまったのである。

このとき、この事態を知った何百隻、何万人という丸腰同然で、逃げることもできない将兵及び民間人は「もはやこれまでと、その場にへたり込んだ（米側資料にあり）」という。けれども、このとき、日本の艦隊は「戦場に長居は禁物とばかり」、そのまま日本へ帰ってしまったのである。

やがて、このことを知った米国の上陸部隊は、「夢ではないか」と喜んで上陸作戦を完了した。その結果、ガダルカナル島の日本陸軍将兵は、ほとんど全滅したのはもちろん、日米戦の戦況が米国側に傾いたことはいうまでもない（これ以降の期間は、太平洋戦争の後半に分類されている）。

この戦闘例から、日本海軍の指導者層が、戦術ばかりに気をとられて、陸軍の支援、飛行場の確保という戦略目的にうといことがよく表われていることがわかります。

そして、日本に帰った特攻艦隊の司令官は、その功績によって昇進しています。

そのとき、重巡洋艦（利根）の艦長黛大佐は、その司令官は昇進どころか軍法会議にかけるべきだと主張したが、海軍首脳は、誰一人として聞く耳を持つものはいなかったということです。

この黛大佐は、日本海軍随一の戦術戦略にすぐれた人物だと思われます。学業成績のみで採用されたエリートたちは、こうした感性に欠けていただけでなく、そうした意見も聞くことなく、黛大佐を艦から降ろそうとしませんでした。

ガダルカナル島で、もし特攻艦隊が湾入口に迫れば、黛大佐なら約四万人の将兵を船ごと捕虜とし、米国と講和の交渉を進めたに違いありません。人命を尊重する米国社会を考えると、何万人もの軍人軍属の生命を無視できないでしょう。

黛大佐は、戦後、太平洋戦争は日本が勝ったかも知れぬ。少なくとも負けることはなかった、と述べた人物です。この後、これと同様なチャンスがありましたが、最悪の戦術を用いた日本海軍は、逆に敗北を決定づけるような大きな損害を受けました（後の項参照）。日本海軍は、そんな大きなチャンスを逃しました。それは、タテ割り組織の欠点であるヨコの組織との協力、そして、下から上への意見が通りにくいことが原因です。

現今の日本でも、相変わらずそんな誤りを繰り返しています。

そこで、もう一つ日本の旧海軍の実情を示す基本的欠点ともいうべき話をしておくことにします。

大艦巨砲と攻撃機

太平洋戦争を通じて、海軍上層部の人々は、日露戦争での艦隊決戦による勝利以来、海軍の強さは、戦艦大和のような大艦巨砲がすべてと考える大艦巨砲主義が主流となっていました。

しかし、太平洋戦争の数年前から、大艦巨砲よりも発達しつつあった航空機（攻撃機）こそ第一と考える人々が台頭しつつありました。その代表者こそ、連合艦隊司令長官・山本五十六大将です。

太平洋戦争は、この山本五十六大将を司令官とする機動部隊（空母中心の部隊）によるパールハーバーの奇襲によって始まったといってもよいでしょう。

その結果、米国の主力戦艦のすべてを航空機で爆撃及び雷撃によって撃沈、ないし大破させました。

その後、機動艦隊はインド洋に向かい、日本方面に向かいつつあった二隻の英国の不沈戦艦をも撃沈しています。その結果によって、山本長官ほかは、ますます航空機こそ海軍の主力と自信を深めたということです。山本長官は旗艦である大和に座乗してはおりましたが、大和はその後、戦闘らしい戦闘はほとんどしておりません。

その後、大和は沖縄方向へ特攻に向かい、途中で米国機動部隊による爆撃、雷撃によりあっけなく撃沈されました。

ちょうどその一年ほど前に、米国陸軍軍属二十万人によるレイテ湾（フィリピン）上陸作戦が決行されました。これを阻止しようと、日本海軍は使用し得る艦艇を四つに分け、レイテ湾方向に特攻攻撃に向かっていましたが、四つの艦隊は、それぞれ惨敗して、日本はその後、敗色を深める一方となっています。

このレイテ上陸作戦に対して、黛大佐は大艦巨砲を並べ、その上空に何機かの戦闘機の傘をかけて、レイテ湾の船団を砲撃すれば、当初の米軍の戦力からみて、何十万人という捕虜を得て、日本は米国に勝ったかもしれぬと述べています。ガダルカナル攻防戦での教訓も、生きることがなかったのです。

要は、日本海軍上層部は、大艦巨砲主義と航空機最強主義の二派に分かれて争い続けたのです。これら二派は、別々の官庁の如く手柄を争って、決して協力（協同作戦）することなく終戦に至っています。当時、日本では団体スポーツがあまり盛んではなかったように……。

このような「大艦巨砲」と「航空機」とでは、どちらが強いかといった疑問は、「空手と柔道とでは、どちらが強いか」というのと共通するところがあります。

何十年か以前に、猪木VSカシアス・クレイの場合も、「プロレスとボクシングとではどちらが強いか」と宣伝したものです。日本人はとくに、単にプロレスの技とボクシングの技と比べて、その戦術や戦略には思い及ばぬ傾向があります。「最強の〇〇」というように、最強を好むようです。

戦争においては、大艦巨砲と航空機とどちらを使用するかではなく、その組合せこそ、それら両方の戦力が大きく生きるということです。黛大佐のいう大艦巨砲群に、戦闘機を傘のように置くというのは、敵の攻撃機が大艦巨砲群に攻撃（パターンがある）しようとするのを撃墜することではありません。なぜなら当時は、まともな空中戦が可能な機材も乗員も、底をついていたからです。

艦隊上空の戦闘機は、敵の攻撃機の攻撃の邪魔をするだけで十分ということです。あくまでも、敵の輸送船団への艦砲射撃の時間稼ぎというのが真の目的です。このように、最高指導者の戦略は、なによりも大事なことなのです。

この点について、『五輪書』にて宮本武蔵は、「そこにあるもの、そこでできること」によって戦えば、何らかの方法があると説いています。

この点に関して、時に武蔵を批難する人々が少なくないのも、「故なきにあらず」というか、戦略にうといのが日本人の特徴です。

そこで、防御力というものについて考えるのに当たって、たとえば、その内容を陸、海、空の三軍に分けることも、改めて考え直すことも必要であることがわかるでしょう。タテ割り行政の役所が三つあるとすれば、当然こうした不合理が通ってしまうのですから。

とにかく人は、その目的を忘れるものです。

目標意識が大切といわれます。たとえば、幸福を追求するにはカネが必要と考えて、カネをためるうちに、カネをためることが目標になってしまうこともあるでしょう。手段と目標との問題です。それが戦術と戦略との違いの問題の一つでしょう。

人が何か大事な仕事を達成しようとするとき、その真の目的を忘れては、元も子も失うことがあります。そのうえで、目的達成のための手段方法を選ぶことが大切となります。

ただ、その仕事の内容が相手のある一種の勝負という場合、物事の全体的状況を見る目とともに、それに基づいて部分的状況をも見ることが欠かせません。通常、人はその全体観は感性により、また部分は理性でというふうに判断してゆくのが自然であり理想的です。

このような人間のあり方を、自然体、平常心などと呼んできました。

いわゆる勝負事では、それが複雑なものであれば、個人個人には限界があります。

そこで、戦略と戦術及び戦技とをそれぞれ分業するのが普通でした。しかし、近未来では、宮本武蔵のように、一人ですべての立場の要点をかねるようになるでしょう。

立場によって目的が異なることがある

第二次世界大戦でのドイツと英国によるマルタ島争奪戦における実例です。

マルタ島で航空基地を設けることが、ドイツ軍をはさみ討ちするために不可欠でした。

そこで陸軍部隊を送ったのですが、物資を輸送する段になると、英国の輸送船団を送るたびに、ドイツ空軍の攻撃を受け、被害が大きくなるばかりとなりました。

そのうえ、輸送船の船主や船員たちは、もうこれ以上仕事を続けることができないというので、軍としても大変困ったことになりました。

護衛の艦艇も、別の大事な作戦にも不足しておりましたし、かといってマルタ島の丸腰同然の部隊を見殺しにはできません。

船主側としては、せめて輸送船に対空砲とその要員をつけてくれなければ、犬死するだけだからと輸送を断わるばかりでした。

そのとき、輸送作戦の司令官は、軍内部の「たとえ対空砲を搭載しても、敵機を撃墜するなど不可能だから無駄である」との意見を押さえ、船主側の要望に応えて輸送作戦を再開しました。もちろん、輸送船団は、その後もドイツの攻撃機から爆撃を受け続けたのです。

対空砲は、訓練不足の兵により撃ち続けましたが、もちろん、敵機は全く撃ち落とすことはできません。けれども不思議なことに、輸送作戦は順調で、ほどなく目的を達成したのです。

通常、軍艦の場合、艦長の操艦によって自艦を護る一方、必要に応じて砲術長、そして射撃手へと命令を伝えます。

砲術長は、艦に対し攻撃態勢に入ろうとする敵機を撃つよう射撃手に指示します。射撃手はその技術を発揮して、その敵機を撃ち落とすことが目的です。攻撃態勢にない敵機はむろん、急降下して爆撃し終わった敵などを撃つようでは困ります。

ところで、その司令官の目的とする戦略は、なるべく多くの物資をマルタ島へ送りこむことで、そのための戦術として、対空砲の搭載が必要と再確認したということです。

それは敵機を撃ち落とすことではなく、ただ狙い打つことのみでよいと判断したのです。そのため、これまで輸送船に対し甲板すれすれにまで接近して爆撃していた敵機が、遠くから爆弾を落とさざるを得ず、攻撃の成功率が大幅に低下したということです。

輸送船が船団を組むのも一種の戦術です。個々に輸送すると、攻撃機が攻撃の後、基地へもどり、爆弾を搭載して再び攻撃する機会が増加するためです。ですから、目的地に到着して攻撃されることが最も悪いケースになります。

この実例は、人がとかく本来の目的を忘れがちであるという教訓ですが、司令、艦長、砲術長、そして射撃手というタテ割り組織の情報伝達がスムーズでなければ何にもなりません。それに、伝達の間に必ずタイム・ラグがともないますから、緊急時には生死を分けるほどの厳しい条件となります。

ですから、このような情報伝達に何階段もの工程を置くことなく、つまり、これらを一人で行なうことができれば、これ以上はありません。

たとえば、野球では監督がタイムをとることができますが、これがサッカーとなると、少々忙しすぎるでしょう。

この場合、一人でというのはもちろん、選手一人一人のことです。それは決して不可能ではありません。大なり小なり、現にそうしているからです。

このことを強く主張したのが、宮本武蔵です。『五輪書』のなかで武蔵は、「小の兵法は大の兵法（集団戦）に通じるばかりでなく、国の政治にも通じる」と説いています。

そのためには、人の感性が鋭く、かつ理性とのバランスが何より大切であり、その条件が「自然体、平常心」であると。感性と理性とを必要に応じて一瞬に切り変えることができる状態を、自然体、平常心と呼んでいます。そのとき、「観の目」（感性）が最高に働くからです。

ところで、ここで大切なことは、そんな難しい話ではありません。

今日のように通信がますます発達し、近々すべての情報がリアル・タイムで伝えられるようになる結果、すべての組織が、タテ割り式を脱するようになると考えられるということです。

企業でいえば、大きなオフィスも、通勤もほとんど不要となり、いわば個人個人が社長から部課長、そして社長の役目をかねるようになるのでしょう。

むろん、官庁も軍隊もそうなるでしょう。

これまでのような情報伝達の遅れ（タイム・レート）や仕事の準備（タイム・ラグ）が大幅に減少するからです。競争や勝負においては、それが決定的要素となるかもしれません。

宮本武蔵は、「そのような時間（居着き）」を、限りなくゼロに近づけた武道家であるといえましょう。

その善悪は別として、近未来のすべての組織にとって「技、術、芸」（技術、戦術、戦略）の一体化が求められることでしょう。

それは、ゴマカシの通用しない、本物の時代がくるということを意味します（詳しくは『五輪書』を参照してください）。

現今のようなタテ割り組織には、欠点や盲点が必ずともないます。また、それ以上に人間精神に大きな障害となっているのです。

情報のリアル・タイム化を上手にコントロールすれば、人間一人一人の才能と個性とが、自由自在に発揮されるようになるでしょう。

タテ割り組織の慣習を破った戦術

先述の黛大佐（重巡洋艦・「利根」の艦長）は、戦術の面でも、大変実践的戦法を成功させた人物です。

水上艦は軽量で速力の大きな駆逐艦でも、回転半径が何百メートルもあり、方向転換は大変能率が悪いものです。

「利根」のような重巡洋艦となると、なおさらのことです。

旧海軍では、爆撃や雷撃（雷撃機や潜水艦による）に対して、見張りから艦長への報告、そして艦長から操舵手への命令という手段で操艦して、雷、爆撃から身をかわすことが名艦長とされるほど、名人芸を要求されたものでした。艦に対して攻撃機は、タテ方向（進行方向）を狙って爆弾を投下します。

また、雷撃機は艦の横側から魚雷攻撃をします。また、潜水艦では艦の横方向から、数本の魚雷で扇型のパターン攻撃を加えます。

パターン攻撃するのは、相手の狙った艦が魚雷の迫るところを知って、操艦によってかわそうとしても、最低一本は命中するように発射する方法です。艦長としては、すべての魚雷をかわせなくとも、一本だけなら沈没するとは限らないといったところなのでしょう。

黛大佐は、海軍の伝統的な規定にこだわることなく、敵の潜水艦から撃ち出されたパターン攻撃による数本の魚雷を、すべて避けることができた人物なのです。操艦の技術と同時に、機銃手に対しはじめから、「もし、艦に迫る魚雷を見つけたら、魚雷の波頭に向けて撃て」と指示していたからです。

そもそも、このような艦における命令や、その伝達の手順（規定）を破ることはもちろん、機銃で魚雷を射つという発想そのものがなかったのですから。

ですから、下級の者が自己の判断で勝手な行動を行なうと、軍律違反として罰せられる世界です。いかに、最上級者が艦全体にとっての判断と命令によるとはいえ、艦そのものの生死を左右するような状況については、プライオリティー（優先順位）があるというのが自然でしょう。

日本海軍の多くの艦艇が、こんな状況でわかっていながら、虚しく沈没していったのですから。

敵機による大型艦への攻撃は、タテ方向（進行方向）からの爆撃と、ヨコ方向からの魚雷攻撃（航空魚雷）とによる複合戦術をとりますから、そうでもしなければ無事ではすみません。

また、あるとき黛大佐の艦（利根）がイカリを下ろして停泊中、敵の攻撃機に襲われたとき、イカリを下ろしたまま、艦を走らせぐるぐる回って、その爆撃をかわしたこともあります。

これでは攻撃機が爆撃態勢をとれません。

戦略と戦術の分かれ目

戦略と戦術との関係は、戦争の勝敗にも直結する大事です。ですから、司令官にとっては、戦略と戦術との関係が目に見えるような物事に対する認識力が欠かせません。それが指導者の資格であり、才能なのです。

とはいえ、それは何ら特別なものでなく、人としてごく自然な知恵にすぎません。

簡明にいえば、物事に対し、まず自然な感性が働くことで、その全体観（大局観）を得て、その後、具体的内容が、その理性によって明確になる心の働きです。

つまり、戦略の完全な自覚があって、そのための最適な戦術が得られるものです。

物事に対し、いきなり頭で考える習慣がある人々は、とかく戦略と戦術との関係に暗くなりがちであり、その思い込みに引きずられることが少なくありません。

戦術は理想的であり、その分野の専門家にまかすこともできますが、戦略というのは、大きな心、こだわりのない心、つまりその人間性の高さに関係するものです。ここで、その一例を示すことにします。

太平洋戦争において、日本の生命線となるのは、石油や原材料を海外から運ぶという従来の海上交通とともに、南方の各地の陸海軍将兵に対し、食料、武器その他の補給という往復の海上交通であることは、いうまでもありません。

むろん、米国としては、この海上交通を断つことが、日本を早期に敗戦に追い込むための重要な戦略として、至上命令となっていました。

ですから、この戦略を達成すべく、戦時には貴重な潜水艦や攻撃機によって、日本の輸送船を次々と撃沈したものです。太平洋戦争期間中に失われた輸送船は、大小合わせて二千隻といわれます。

しかし、潜水艦や攻撃機が輸送船を発見し沈めることは、大変手間とコストがかかることなのです。基地と現場との往復だけでも、容易なことではなく、しかも事故も多く、乗員も疲れ果てていました。

そして何よりの困難は、日本の輸送船をあまり見つけることができず、虚しい作戦となってきたことでした。輸送船を沈めれば沈めるほど、そうなるのは当然です。

それでも、かなりの輸送船が活動していました。しかし、何しろ、太平洋は広いのです。

この難関を解決したのは、新たに交代した司令官のアイデアによってでした。

そのアイデアとは、日本の港湾や水道を機雷封鎖すればよいというものです。日本の海上交通が、これによって完全に断ち切られたことは、周知の通りです。

この種の誤りは、軍隊ばかりでなく、企業その他でも常に見られる現象なのです。

旧日本陸海軍における上層部が、学業成績や年功序列によるのに対し、米国では軍司令官をいきなり抜擢する違いがありますから、この例は遅れたとはいえ、それなりの効果があることを示す教訓です。

このような現象は、軍隊に限らずタテ割り組織ではしばしば見られます。ことに上層部では戦略ばかりが気になり、戦術となると、一段下層の中堅幹部の任務の如くになっています。

両者ともに、戦略と戦術の関係に対して注意が足りないのです。

その一例が、前述の英国によるマルタ島への輸送作戦です。輸送船の対空射撃手は、敵機を撃墜することが目的の如く、船長は船の安全のみを考え、司令官は全体の輸送量をいかに多くできるかを考えているわけです。

立場によって目的が異なること自体は、別に怪しむべきことではありません。

なぜ、戦略と戦術とのミスマッチが生ずるのかといえば、戦略と戦術とを、それぞれ別の者が担当するためです。

本来、それらを一人の者が考えるべきであり、それが最も好ましいことなのです。

しかし、ピラミッド式階級とそのタテ割り組織では、上層部から順次下層部に伝えることは、相当なタイム・ラグが生じます。そこで、タイム・ラグをできるだけなくし、かつその間の担当者が各自の任務のみに徹することで、仕事の効率が高まることになります。

自らの専門任務に徹すると、情報や命令がわかり易くなります。なまじ余計なことは知らないほうが間違いないということです。射撃手は、船長や司令官の目的など知らなくてよいと。

それは、各段階の人々の専門知識や技術が、それぞれ全くの別分野と考えるのか、または戦略、戦術の全体像は知る必要がないのか、いずれにしろ、システムの部品のように機能することを意味します。それぞれの立場から、自らの任務を限定するものです。

それでは、たとえば射撃手は自らの咄嗟の判断と、その行動が間に合わなくなることが多くなるのは当然です。前述の「魚雷を見つけ次第機銃で撃つ」など、全くできません。なぜなら、魚雷は、まず見張員が見つける仕事なのです。この報告を艦長へ伝え……ということでは、行動すべき正しいタイミングを失うことが多くなるのも当たり前です。

軍隊のタテ割り組織とピラミッド型の階級の存在がある限り、常に一刻を争うような防衛活動は決してできません。「敵の攻撃を咄嗟に予防する」という真の自衛ができないのです。

その点、市民防衛では情報のリアル・タイム化によって、すべての人々がその状況にあった、最も効果的な防衛が可能であるとともに、無駄のない戦術の一環となることができるでしょう。

つまり、一人一人が、その状況を司令官として、中堅幹部として、また兵としてのすべてを知って、今は何をなすべきかを理解し、かつ行動することができるでしょう。

それが、戦略目的であり、そのための最適な戦術であり、そして技術を生かすものです。市民防衛組織は、タテ割り組織ではなく、階級制もないから、それが可能になるのです。

これまでの軍組織では、このように司令官だけが戦略目的を知り、また艦長など（中堅幹部）が戦術をまかせられ、射手（兵）としては、その技術を発揮すれば、それでいいとしてきました。その点はタテ割り組織の運用にとって、「できる限りの合理的戦法であるとともに、その限界でもある」ことを示しています。

司令、中堅幹部、兵がそれぞれの任務のみに専念すればよい、ほかのことは知らなくてよいとすることは、大量生産のための分業のようなものです。その一つの工程に支障が生じたとき、すべてが停滞します。

というより、それぞれがその分野の専門職として一応もっともらしいシステムに見えますが、見方によっては、それぞれが半人前と考えられているようです。

その点、上からの命令を素直に聞き行動する。つまり、命令に対して批判的考えを持ってはならないという階級組織の特徴でしょう。しかし、これからの時代は、それでは決断のタイミングと、正確な行動ができません。

すべての情報を時々刻々と知り、その時々の適切な行動をとらなければ、本物とはいえなくなるでしょう。

そして、タテ割り組織のすべてとともに、ヨコの関係も調和するような能力を求められることは確かです。

たとえば、一九九五年の阪神大震災の発生に対する警察、消防、医療がそれぞれバラバラの状態では、とても本当に最善を尽くしたことにはなりません。

ハイテク装備はどこまで頼りになるか

ハイテク装備を過信することは危険である。

高度な装備になるほど、その反面の脆弱《ぜいじゃく》性をともなうからである。ソフト面、ハード面ともにいったんトラブルを起こすと、その場で修復することは極めて困難なことである。

先般、長く続いた○○○銀行の混乱もその一例である。

事においては、いつの世であれ、人の感性は最も信頼できるものである。

科学技術の発達、ことにコンピュータの性能が大変向上したために、兵器装備の進歩にはめざましいものがあります。

攻撃武器としては誘導ミサイルがその代表であり、大陸間弾道弾をはじめとして、各種誘導ミサイルが開発され実用化されています。

魚雷はもとより、爆弾までが誘導式となりつつあります。捜索武器（索敵武器）と呼ばれるセンサーとしては、かつてよりあるレーダー（三次元レーダーや、イージス艦搭載のフェイズド・アレイ・レーダーなど高度なものがある）。また、敵のレーダ使用を逆探知する逆探レーダ（ＥＣＭ）から、この逆探レーダの使用を探知する逆々探レーダー（ＥＣＣＭ）に至るまでが実用化されています。

一方、水中用索敵武器もアクティブ・ソナー（音波を発信して、ターゲットからの反射音を感知する）及びハッシング・ソナー（ターゲットの発する音源を感知する）があり、それらも一段と進歩しています。

その他、水中固定武器としてもソノブイ（アクティブ及びパッシブの二種がある）があります（その他、捜索武器としては、従来の磁探などがある）。

これらのほか、重要なハイテク装備として、検索と攻撃との中間に位置する射撃指揮装置（ファイア・コントロール・システム……専用レーダ付）というのがあり、極めて正確な射撃が可能となっています。おそらく、例の不審船との銃砲撃戦での巡視船は、このおかげで難を逃れたのでしょう。

このように、探知から照準、そして発射（射撃）による命中まで、すべて自動的で正確に行なわれるので、何ら問題はないと考えられがちです。けれども現実には、いつでもそううまくゆくとは限りません。探知から命中に至る各過程でのそれぞれの信頼性が、常に百パーセントではないからです。

さらに、不発弾もあって、ターゲットが撃墜するとか沈没するとは限りません。何よりも、高度なハイテク兵器であるほど、ちょっとしたことで使い物にならなくなるという脆弱性をあわせ持つものです。そうしたハイテク装置も当然、開発されています（ジャマー・ジャミング・システム）。

たとえば、航空機に対する空対空ミサイル（ＡＡＭ）がレーダー・ホーミング方式であれば、敵側の電波妨害によって全く無効となってしまいます。そんなケースに備えて赤外線ホーミング（サイドワインダーなど）方式のミサイルもあるとはいえ、天候状況によっては、うまく機能できません。

結局、航空機同士の空中戦では、接近戦はもちろん、従来の機銃が不可欠ということになるのです。

米空軍のアフガニスタンでの空爆でも、スティンガーミサイルでは、無人偵察機とヘリコプターに対して若干の効果があった程度でした。回避運動によって、対空ミサイルの命中率は大幅に低下します。この意味で、パイロットの名人芸、職人芸は、誘導ミサイルに勝るものです。

また、対潜哨戒機による潜水艦の探知はレーダーが主力ですが、今日の原子力潜水艦はめったに浮上したり、潜望鏡をあげません。

このため、対潜機で原潜を探知することはまず不可能というのが実状です。対潜機で通常型の潜水艦を探知するのも、潜望鏡が波を切ることで生じる白いウェーキをとらえるのが主ですが、対潜機のレーダー波を潜水艦側に先に逆探知されてしまうので、潜水艦への攻撃は容易なことではありません。

これが水上艦艇の場合は、その逆探知によって先に攻撃（反撃）の準備に入るかもしれません。

つまり、レーダー捜索すること自体が、自らの存在を敵に知られてしまうという難点があるのです。この難点を少しでも解消して、現在では、レーダーの間欠使用という使用方法によるしかありません。

これは、レーダーの電波放射をアナログ的に連続使用せず、デジタル的に使用する方法です。こうすることで、敵による逆探知の可能性を少なくするわけですが、自身のレーダーの探知率も、当然低下してしまいます。

もし、たとえばターゲット（敵の潜水艦）をレーダーで探知したとしても、敵がそれを逆探知して潜航し逃げられると、攻撃どころか、再探知も困難で、徒労に終始するおそれがあります。そのため、レーダー探知とともに、敵がすでに逆探知したかどうかを知るために、逆々探知装置で知ることも必要になってきます。

こうして探知が成功したとしても、その後の攻撃までには、複雑なターゲットの位置確認手順が必要（パッシブ・ソノブイからアクティブ・ソノブイ、そして攻撃）ですから、それまでの手続きの信頼度（人の判断も含む）からしても、極めて困難なことがわかるでしょう。

この一連の探知、そして捕捉という手順は、攻撃するホーミング魚雷のソナーが、ターゲットの探知可能な範囲にまで極限化するためです。

また、レーダーは、たとえば敵の水上艦艇が人の目の先に明らかに見えているのにも関わらず、レーダーのディスプレイ画面には映らないといったことも、意外に多いものです。

レーダーがターゲットを感知するより以前に、人の目で捉える「確率」を、「先回り確率」と呼んでいます。気象条件によって「先回り確率」は、十パーセントを超えるものです。

ターゲットがレーダーに映ったとしても、それを人が確認できないことも少なくありません。

レーダーでも、こうした数々の難点があるために、人の目による見張りを欠かせないのです。

また、水上艦艇がソナーによる音波を発振し、ターゲットからの反射音により敵潜水艦の位置を探知するということも、レーダーの場合より一段と困難なことなのです。アクティブ・ソナーから発振する音波の到達距離は、最新型のソナーでも約十キロメートルほどにすぎません。しかも、たいがい敵側がそのことを逆に探知するのが常であり、探索側（アクティブ・ソナー使用）は、敵に探知されたことを知る方法がありません。

というのは、音波の到着に要するエネルギーから、反射音（往復する）でターゲットを捉えるには、その間の距離が約半分であることからわかるでしょう。つまり、ターゲットはソナーの使用（捜索）を、そのずっと先で知って逃げてしまうのです。

原潜の進出スピードは三十五ノット以上であり、水上艦艇は十八ノットほどでしか航行できません。それ以上のスピードを出すと、自身の騒音によりソナーが役に立ちません。

ソナーの到達距離にしても、海水の状態（海水の温度差が生じている、その境界面をレアーと呼ぶ）によって、音波がレアー面で屈折してしまうからです。そのため、世界各国の軍関係では、海洋調査（レアーの存在）して、マップをつくることが当たり前となっています。

何といっても、アクティブ・ソナーの欠点は、レーダーの場合と同様、音波の発振すること自体が敵により先に知られてしまうことであり、知られたかどうかということが、レーダーの場合のように自らが認識できないことです。

さらに、ソナーによって敵潜水艦を捉えたようでも、それが確認できなければ攻撃することができません。この点も海洋調査と関連することですが、ソナーで感知したものが、沈船や岩礁であったり、場合によってはクジラであったりするからです。

そうした確認が得られても、さらにその潜水艦が味方のものでないことを確認しなければなりません。

沈船、岩礁などの「類別」及び敵味方の「識別」と呼んでいますが、結局は最終的には人間の判断によります。しかも、同士打ちといった判断ミスは、完全になくすことは大変難しいことでしょう。

こうした捜索について、海上自衛隊の対潜哨戒機（P3C）が、例の不審船を探知し、確認したのもレーダーではなく、人の眼だったということです（乗員の話『東京新聞』）。

装備のハイテク化が、一方で人間の感性の哀えにつながる恐れもあるようです。まして、コンピュータが、人間の感性に相応する能力を持つまでには至っていません。コンピュータをあつかう人間の判断ミスも完全に防止することもできません。

最近起こった○○銀行のこうした混乱も、未だ続いているほどです。大型旅客機でも、すべて自動操縦に頼ることはなく、人の眼と技術は、いつの時代でも信頼されるでしょう。

市民防衛の経済学「費用対効果」

費用対効果とは何か

これまで「費用対効果」の考え方は、参考の域を越えることができなかった。それは、「費用」が平時と戦時とでは異なることなどの不確定要素の処理が十分にできなかったからである。まして、異質の装備については、適用することは不可能であった。

これらの難点は、市民防衛システムの特徴からすべて排除できるものである。市民防衛経済学の成立といえよう。

従来のように軍隊を訓練維持してゆくためには、国家予算の何十パーセントもの経費がかかります。そうして維持する軍事予算と国防に対する真の貢献度、あるいは戦力との関係はどうなっているのでしょうか。

しかし、軍事予算というのは、「戦争がなくて何よりだ」といった保険料のような面があるために、はたして適切なものかどうか、ほとんどかえりみることがありませんでした。けれども、今日のように経済が低迷し、予算不足の時代に、無駄遣いやドンブリ勘定を繰り返しているとすれば、許されません。

軍隊の戦力ということであれば、「こんな敵の侵攻に対しては、このくらいの効果があろう」とコンピュータで一応の推定が可能です。

しかし、もしそれまで想定していた敵の状況が全く見当違いだったとすれば、多額の無駄があったかもしれません。

平時から軍隊という組織には、人員と装備だけでなく、それらに関わる諸々の費用がかかりますし、戦時ともなると、さらに異質の費用がかかります。

たとえば、身辺にテロリストが迫りつつあると知った場合、まず近くに軍隊が存在することはないといってよいでしょう(警察も)。

敵軍が奇襲攻撃をしかけてきた場合も同様です。要するに、一般にいう防衛とか自衛というのは、敵による一撃をこうむった後に、いつどう反撃できるかということです。

つまり、敵の攻撃を未然に予防するとか、侵攻しようとする敵に対して、あらかじめ用意が整っているなどということは、まずないと考えられるでしょう。

ですから、防衛側が戦闘現場に移動するためのタイム・レート及び戦闘準備にともなうタイム・ラグが生じます。そうした時間の遅れは、被害の増大につながるでしょう。

そして、実際の戦闘においては物質消耗や人的、物的な損害も生じるでしょう。

つまり、軍隊の維持に要する諸々の費用とその戦力との関係（費用対効果）を求めようとしても、特に戦時における不確定要素が存在するために、「費用対効果は平時を基とする」しかありませんでした。それはそれで防衛予算には限度というものが必要ですから。

一応の目安として、費用対効果の「効果」というのは、戦闘シミュレーションなどから得る、防衛側の敵に対する相対的戦力を意味しますから、その内容は戦時のものにちがいありません。

このように費用対効果は、平時の費用に対する戦時の効果（戦時の費用が、不確定なため）という一種の矛盾が避けられませんでした

その点、市民防衛システムにおいては、防衛戦力が原則として敵の侵攻の予防を第一とすることから、その装備だけではなく、システムそのものの、真の費用とその効果の関係（いわば防衛戦力の効果ないし効用）を知ることができるのです。

費用対効果の意味が、市民防衛システムの誕生によって明確に生きてくるのです。

かつての軍組織では、「兵力は多ければ多いほど好ましい。装備品はできるだけ優秀なもの、それも数量も多ければ多いほど好ましい」という傾向が強かったので、軍拡時代にはいずれの国でも、その際限のない要求に耐えられず、そこで費用対効果の考え方を取り入れるようになりました。

けれども、それは防衛予算を制限するための方便といった一面があったことも確かなことです。ですから、今日の軍事予算の使用が、費用対効果の合理性に基づいているとはいえません。局部的な使用に留まっています。

後の項にて、防衛戦力がその戦術次第で大きく左右されることを示しました。たとえば、敵の侵攻に対して、防衛側は最もないし比較的に、戦略効果の高い戦術により対処するのは当然でしょう。それが空陸の協同作戦であるかもしれません（または海空協同など）。

けれども、今日でも軍事予算は陸、海、空軍による分捕り合戦になっています。少なくとも陸、海、空軍間の合理的調整はありません。

市民防衛システムでは、初めから陸、海、空軍などといったタテ割り組織は認めません。すべては、合理的戦力と予算を第一とし、自由自在で合理的戦術を尊重します。つまり、一つの戦闘に関わる防衛システム全体の戦術上の「効果」と「全費用」による費用対効果によって防衛戦力の合理的な評価をすることができるのです。

これにより、たとえば新装備を導入するのに当たって、政治的要素が加わるなど、できるだけ主観的な考えを排除することができます。

費用対効果の算出例（単一装備）

通常、新兵器を導入しようとする場合、それまで使用していた、たとえば対空ミサイル（MM）と、新しく導入しようとする新型対空ミサイルNMⅠ、NMⅡなどの候補機種それぞれの購入費（現在の価格）及び、それぞれの性能との比率を比較して、最も好ましい機種を選定します。

たとえば、現在の対空ミサイル（MM）及び候補となる対空ミサイル（NMⅠ）、（NMⅡ）それぞれの購入費が百万円、百二十万円、百三十万円であるとします。それぞれの対空ミサイルの性能としては、ある一定の条件（戦術上の）における命中率とし、それぞれ二十パーセント、二十五パーセント、二十八パーセントとすれば、比較すべき数値（費用対効果）は、次のようなります。

対空ミサイル　MMでは二〇／一〇〇→〇、二〇〇
対空ミサイル　NMⅠでは二五／約一二〇→〇、二〇八
対空ミサイル　NMⅡでは二八／約一三〇→〇、二一五

となりますから、費用対効果の高いのは、NMII、NMI、MMの順であり、結論としては、対空ミサイルを新しく導入するなら、NMIIが好ましいといえるでしょう。

この計算例では、それらのミサイルの命中率はせいぜい十パーセントの違いですから、その差がほとんどないとして、さらにそれまで同様のMMを追加することもあるでしょう。

また、別の条件での性能（命中率）から、比較し直すこともあるでしょう。

この例は、大変単純化したものですが、基本的にはこのようにして求めます。

システム全体の費用対効果

前出の例は、単に同種の装備品の性能に関する単純例ですが、システム全体の効力に関わる費用対効果を求めるほうが、より現実に近づきます。

単一の装備品の性能（命中率）よりも一歩進んで、ターゲットを探知するレーダーと一体のシステムによる「探知から命中までの確率（撃墜率）」（レーダーの探知率とミサイルの命中率との積とする）と、全システムの費用との関係（費用対効果をそれぞれ求めて比較する）。

なお、ミサイルとレーダーの購入費合計だけではなく、維持費経費も含むが、問題を単純化するため、ここでは省略する。

異なるシステムの費用対効果

本来、異なるシステム（たとえば、ミサイルシステムと、機関砲システムのような）同士では、費用対効果を比較して、そのうちどちらかのシステムを選択するかは考えません。それは、各システムの使用目的や効用の範囲が異なるため比較の対象にならないからです。

けれども、市民防衛システムでは、費用対効果を求めて、いずれかのシステムを選択することが原則的には可能です。

なぜならば、市民防衛システムの属する一単位システムは、防衛担当地域ごとに、初めからその防衛目的（プライオリティー第一位の目的）が定められているためです。

後に述べるように、たとえばその地域では原子力発電所があり、これをゲリラ攻撃やテロ活動から護る（予防する）ことを第一の目的（任務）として、そのための単位システム（一セットの装備体系からなる部隊）をいくつか配備するものです。

つまり、原発を護ること以外の防衛活動は、絶対にしないというわけではありませんが、結果的には原発が無事であれば、そのシステムによる目的任務は成功したと考えるわけです。

たとえ、敵が何を目的として活動するかに当面、関係せず自らの目的を優先するのです。敵による（原発への）攻撃法は、様々な手段が考えられますが、たとえばその攻撃が短距離ミサイル（航空機や艦船からの対地ミサイル）、あるいは中距離ミサイルを想定します。

これに対する市民防衛システムでは、原発防衛のため固定した「迎撃ミサイルと対空及び対水上レーダー一式からなる防衛システム」が好ましいか、あるいは、「対空用高性能機関砲システム（対空及び対水上レーダー並びに射撃指揮装置などからなる）、またその他が好ましいかなどの数々の選択肢があるからです。

費用対効果を検討する場合、費用面の取り扱いに関しては、いくつかの条件がありますが、ここではそれが目的ではありませんから省略しました。

ここで費用対効果の内容に触れたのは、市民防衛システムの防衛力整備が、これまでの軍隊と違って経済的な根拠が確立するためです。それらについて要約すると、

①、防衛システムの評価が、平時での費用対効果で十分可能であること。

②、防衛目的さえ共有すれば、異なる装備システム同士であっても、費用対効果に基づいてその選定が可能であること。

③、装備の組合せや、それらの使用法による戦術の価値も費用対効果によって評価し得ること。

これらの諸点は、従来の軍隊ではほとんど考えていなかった。

なお、「原発」の防衛は、敵のミサイル以外にも種々のケースが考えられるが、それらについては後の項（具体的実例）に示した。

市民防衛システムの意義

こうした市民防衛システムが成立すれば、どんな意味があり、どのようなメリットがあるでしょうか。

まず第一に、憲法論議に終始するような無駄がなく、現実本意の結果が得られます。また、周辺諸国の疑心暗鬼や批難もなく、かえって日本の指導力が評価されるでしょう。すべてのタテ型組織とそのピラミッド構造の改変のモデルとなり、財政上の負担が軽くなり、総合安全保障として実効が明らかになるでしょう。そして、人々の個性が大きく開花する端緒となるでしょう。

強力で合理的な防衛力を有し、本来の自衛（予防）の理想に近づくでしょう。そして、その波及効果は、経済性や社会性だけではなく、精神性などすべてにおよぶでしょう。

自衛の原点に帰る

市民防衛に関するメリットには、ソフト面にもある。いわゆる職業軍人の場合と違って国防意識とそれに関わる自助努力の主体が、市民防衛システムの基盤となっている。

このことは、目に見えぬとはいえ、極めて重要なことであろう。

総合安全保障の原点でもある。

自衛とか防衛というとき、そのイメージは、個人にとっては生来の本能的反応の内容です。

迫りつつある危険に対し、事をなるべく軽く収めるとか、できれば事前に予防するといったことでなければ、自衛したことにはなりません。その結果はともかく、防衛（自衛）についての心掛けとしては、積極的なものでなければ意味がありません。

けれども、自衛は、集団的社会的になると、少々意味が違ってきます。一口でいえば、「やられ（殺される）たら、やり返す」ことになるのです。少なくともやられた者（殺されるまではゆかなくとも）は、やり返せませんから、その仲間がやり返すしかありません。

これらは西欧的報復なのか、制裁なのかは事情によることでしょうが、集団に対して行なう以上、それが新たに報復の種をまくでしょう。

国連憲章では、「敵の攻撃を受けたら、それに対して反撃することが認められる」ことを自衛権と規定しているようです。明らかに個人道徳的な正当防衛とは異なっています。

かつての戦争は、あくまでも軍隊同士の戦いでしたが、近年では一般市民をも含めた総力戦となりましたから、犯罪的ともいえる面があります。

それが今日に至って、テロによる無差別攻撃も当たり前となって、もはや戦争とか犯罪とかの区別さえ難しい状況です。

そしてその報復合戦は、泥試合的様相を呈しているのです。かつての日本的な「仇討ち」のように、その時点ですべてが完結するのとは違っています。

「攻撃されたら、反撃する権利がある」といっても、どの程度の反撃が正当なのかは、決められません。問題をますますややこしくする理屈の迷路に入るだけに終始するでしょう。

憲法第九条の「交戦権の放棄」は、その点では分かり易い内容でしょう。一方、今日における憲法解釈では、軍隊や一切の戦力は放棄しても、大勢としては「自衛権は放棄しているわけではない」と考えられているようです。

ただ、交戦権はなくても（放棄）、自衛権はあるとすれば、それは一体、何を意味するのでしょうか。交戦することなく自衛することが可能でしょうか。

そもそも、「攻撃に対して反撃する権利」とする事情は、軍隊による防衛力（自衛力）というのが、あくまでも攻撃能力だからであり、純粋な防御力、守備力には、初めから期待できないと考えるためでしょう。

交戦権なくして、自衛権はあるというのは、現実には、自衛権を行使するに当たって、何らかの抵抗をするも、また避難するも勝手ということであれば、個人的内容の如くであり、国家（軍隊）としての交戦権の放棄とは、別次元の解釈が混入しているようにも見えます。

けれども、ここでは法律の解釈は話の本筋ではありません。あくまでも現実の問題です。要するには、われわれ一般にとっての真の自衛とは、市民共同体レベルでの正当防衛の類に属する活動であり、それも敵の攻撃を事前に予防すること、あるいは予防に準ずる活動であり、極めて道徳的なものにすぎません。

それは、市民防衛システムの活動目的が初めから決められているために、専守防衛に限りなく近いものです。

今日では軍事攻撃であれ、テロ活動であれ、いったん事が身辺で起こってしまえば、たとえ反撃するとしても、すでに手遅れであり、後の祭りとなる時代です。自衛であれば、自衛は事を事前に予防するしかありません。自衛することは、予防することであり、その可能性がわずかでもあるなら、その点に集中することしかありません。

幸い、防衛内容（対象）が初めから決まっているために、その一点に専念することができるでしょう。

もし、敵の攻撃目標が、自らの防衛対象でなければ、プライオリティー2の防衛に余力を向けるものです。そのとき、すでに主任務としての予防は達成したも同然と考えられるでしょう。

このような市民による自衛活動は、何ら不自然でもなく、ごく当たり前のことです。かつて、職業軍人の存在しなかった時代には、人々は危険が迫れば、躊躇することなく、クワやスキを槍や刀に持ちかえて戦ったのです。

自らの農地とその作物や家族の生命を護るのは、当然の心掛けだったことでしょう。

そうした防衛意識と、そのための自助努力は一体化していたのです。このような防衛意識と自助努力といったものは、職業軍人にとって無縁なことでしょう。それが、自衛（防衛）本来の原点なのです。われわれにとっての、すべてを護ることもむろん、好ましいことです。余裕さえあるならば……。

人々のこうした最も防衛すべきものに対する切実な防衛意識と、その反射的行動という防衛（自衛）の原点に、改めて回帰したのが市民防衛のすべてなのです。

真に自衛を実現しようとすれば、市民防衛システムによるしか他には方策はないでしょう。

市民防衛システムの主な仮想敵

もし、あなたの住む地域の海岸から、テロリストが密かに上陸して、近くにある原子力発電所を爆破しようとしたらどうでしょうか。

最悪の場合、原爆の直撃をうけたのと変わらぬ大惨事になるでしょう。時に原発システムのわずかに思える損害が大問題となるのは、それがいずれは、原発本体の大事故につながる可能性が極めて高いからです。

冷却水の流れがとどこおるだけで、スリーマイル島の原子炉の事故と同じ「メルト・ダウン」が起こります。しかも、その範囲も、また後遺症も、想像できないほど広く、かつ何年となく続きます。

たとえば、不審船や潜航艇から密かに上陸するとすれば、拉致事件以上に見つけることは困難でしょう。

あるいは、ミサイルやロケット砲で原発などを攻撃されたら、むろん、原爆投下以上の被害と混乱が生じることは確実です。もちろん、領海の外から、ミサイルで攻撃することも可能です。密かに上陸して、ダイナマイトをしかけることもできるでしょう。

また、テロリストが、密かに山中にパラシュート着陸することも不可能ではありません。たとえば、彼らがコンパクト型の生物化学兵器や核物質を持って、都会の人ごみにまぎれたとしたら、もはやどうすることもできません。どんな軍隊でも、警察も……。

たとえ、発見し、逮捕あるいは射殺したとしても、手遅れに変わりありません。テロリストがそうした毒物を水源地に放り込むだけでも、恐るべき被害とパニックが起こるでしょう。

その後、彼らに対しどう反撃しても、どうにもなりません。重砲も戦車も大型兵器も、役に立ちません。第一、彼らはそんなところに潜入するはずがありません。たまたま、テロリストを発見ないし遭遇したとしても、近くに誰も助けてくれる人はいないといってよいでしょう。

であれば、各地域の市民が、テロ活動やゲリラ攻撃を予防するしかありません。

市民防衛システムの最大のメリットは、この点にあるのです。

むろん、通常の軍事行動にも対処できる（詳しくは省略）。

市民防衛システムの概要（例）

〔防衛の対象とする仮想敵〕

1、海外から侵入するテロリスト。

2、その他の軍事攻撃。

〔防衛の目標とそのための手段〕

1、テロ活動を早期に発見して、未然に防止する。

2、地域の防衛すべき施設を定め、重要度（プライオリティー）第一位の施設に対する敵の考えられる限りの攻撃を予防する。

3、通常の軍事侵攻ないし攻撃に対しては、数地域共有の重装備を有する機動部隊を後方に置く（多目的戦闘チーム）。

〔編成〕

1、通常の前線チームは、地域の防衛目的に応じた装備、人員、施設を置いて、常時警戒する。

2、後方の多目的部隊の編成は、防衛対象施設及び地域特性に応じて定める。
3、従来の陸、海、空の区別はなくし、必要に応じチーム編成に組み入れる（哨戒ヘリコプター、哨戒艇、魚雷艇、駆潜艇など）。
4、戦闘機、攻撃機は、スクランブルないし、ハンター・キラー部隊として後方に置く。
5、護衛艦、潜水艦は、哨戒隊として、前線チーム及び後方チームと一体化して必要な任務を時に応じて定める。

〔前線チームの活動内容〕
一チームの担当（防衛対象施設）地域への敵の攻撃方法、手段すべてに対応する。
●地対地中距離ミサイル
●領空、領海外からの対地ミサイル
●領空、領海内からの対地ミサイル
●海岸近くの船艇からの砲撃（ロケット砲も）
●航空機からの銃爆撃
●パラシュート着陸による潜入
●潜航艇から、ないしアクアラングによる海岸への潜入
●その他軍事攻撃、テロ活動

〔武器装備〕

●バッジシステム
●通常の対空捜索レーダー（レーダー網）
●フェイズド・アレイ・レーダー（参考）
●指揮管制機（参照）
●哨戒機（対哨戒機）
●哨戒ヘリコプター
●対水上レーダー（海岸線レーダー網）
●対空ミサイル
●二十ミリ六連装高性能機関砲（主要）
●高射砲、機関砲、軽機関銃
●その他、小火器、対人武器

これらを研究、改良して配備する。

〔海上、海中〕

●駆潜艇（対空レーダー、耐水上レーダー、ソナー、機関砲、ヘッジホッグ搭載）

●哨戒艇その他の小船艇

〔海中〕

●磁気探知機（ＭＩＬ）

●ソノブイ（パッシブ）

●小型感応機雷（音響、水圧、磁気）

●その他の障害装置など

これらの装備と、想定される事態との効果（推定）に従って必要な装備と要員とを定める。

その後、装備の改良、要員の訓練及び戦術研究を進め、時の情勢に合わせた合理化を図る。

「費用対効果」の手法を全面的に導入する。

市民防衛システムと総合安全保障

市民防衛システムは、地域防衛を担当するものですが、組織全体としては、災害、事故、犯罪、そしてそれらにともなう病気や障害などを総合的に担当し、すべてにおいて無駄の少ない合理的行政システムとすることです。

軍組織にも、衛生医療、建設、警務、消防などの機能がありますが、その担当範囲は軍内部に限られています。考えようによっては、それも一種のタテ割り行政ともいえるでしょう。

その原因は、軍組織があくまでも戦時の任務を中心とするからにすぎません。

しかし、幸い市民防衛システムは、平時と戦時との分け隔てのないのが特徴です。軍組織とは違って、経済学が成り立つのです。将来、日本で小さな中央政府と地方分権が進めば、それら地域の事情に応じた合理的な総合安全保障の核となるでしょう。総合安全保障こそ、行政の主たる任務であり、必要に応じて食料、エネルギー、貴重資源その他にも及ぶことでしょう。

現在の日本のタテ割り組織の典型として、警察類似組織には、一般の警察のほかに、水上警察、海上保安庁、鉄道公安、税関、Gメンなど他にもあります。省庁ごとにあるといえるほど、その専門化が進んでいるのです。

しかし、情報のリアル・タイム化は、そうした分業や専門家に警告を発しています。予算と実効の両面から、それらの合理化を進めることです。

軍隊にしても、平時での効用を高めることが必要なのです。

そうすれば、教育訓練、研究開発などの施設やメンテナンスの面でも、合理性、経済性が高まることは明らかなのです。

なお、総合安全保障と市民防衛システムとの関連にしても、ソフト面の問題が多々あるでしょう。それら大型のソフト面については、ここでは一切述べませんでした。問題を難しく考えることは、物事の解決を望んでいないこととあまり変わりません。「重要な会議はすぐ終わる」と申します。大局観を持たぬ専門的考察が先行すれば、何事も総論賛成、各論反対に終始するのはわかりきったことです。

本書では、市民防衛の概念を主にハード面に限って述べました。当然、そのためのソフト面の解決はどうすればよいのか、との疑問が続出することは十二分に予想できます。とくに、法整備の問題となれば、キリのない話となるでしょう。人間が勝手につくった数々の法律によって自らしばられていることに気づき、その原因を再考する必要がありま す。

そのための方法（提案）はむろんありますが、こうした現状では話がわき道にそれる恐れがありますから、述べることができません。

問題は理屈ではありません。感性なくして物事の真実は、決して認識できません。

国防は将来、軍隊から市民防衛に移るというのは、すでに述べたように、もともと市民一人一人の個人的人権です。

個人の生命、自由、財産を護るという、切実な意識を共有しない職業軍人に頼ること自体、便宜上の姿であったことを想起することが先決でしょう。このような第三者（軍隊）を利用して勝手な暴走をしかねぬ政府権力者に対して、今後、全幅の信託は決してしないとしたのが憲法第九条の趣旨なのです。「永久に放棄する」……と。

ならば、市民防衛の権利も義務も、決して否定も批難もできることではないはずです。国防は、政府には信託できぬが、市民個人としても、その国防問題を解決することはできません。

これまでの国防論議の難航は、憲法第九条の文面上の話ではなく、人々の本心ないし、責任が明確ではなかったからではないでしょうか。もし、この点が明確になれば話は簡単なことでしょう。

何度も述べたことですが、通信技術の発達は、国防ということが市民一人一人の問題であることを強制的に教えてくれているのです。危機管理室は、個人の心の中にあるべきものです。米国という親に長年保護されてきたとはいえ、そろそろ巣立つ必要があるということではないでしょうか。

日本自身の問題なのです。

日本国家防衛の基礎知識――軍隊の時代の終焉

2003年7月17日　第1刷発行

著　者　柳　川　昌　弘
発行人　浜　　　正　史
発行所　株式会社　元就《げんしゅう》出版社
〒171-0022 東京都豊島区南池袋4-20-9
サンロードビル2F-B
電話　03-3986-7736　FAX 03-3987-2580
振替　00120-3-31078
装　幀　純　谷　祥　一

印刷所　東洋経済印刷株式会社

※乱丁本・落丁本はお取り替えいたします。

ISBN4-906631-94-0　C0031